AF575690

curiosidad por
LOS AVIONES DE COMBATE
POR CAROLINE "BLAZE" JENSEN
AMICUS LEARNING

¿Qué te causa

curiosidad?

Curiosidad por es una publicación de Amicus Learning, an imprint of Amicus
P.O. Box 227, Mankato, MN 56002
www.amicuspublishing.us

Editora: Alissa Thielges
Diseñadora de la serie: Kathleen Petelinsek
Diseñadora de libro: Aubrey Harper

Library of Congress Cataloging-in-Publication Data
Names: Jensen, Caroline, author.
Title: Curiosidad por los aviones de combate / por Caroline Jensen.
Other titles: Curious about fighter jets. Spanish
Description: Mankato, MN : Amicus Learning, 2025. | Series: Curiosidad por las máquinas militares | Includes index. | Audience: Ages 5–9 | Audience: Grades 2–3 | Summary: "Elementary Spanish readers learn how fighter jets work in this inquiry-based nonfiction book about their size, speed, and battle strength. Includes infographics and back matter to support research skills, plus table of contents, glossary, and index. Translated into North American Spanish"—Provided by publisher.
Identifiers: LCCN 2023043674 (print) | LCCN 2023043675 (ebook) | ISBN 9781645499473 (library binding) | ISBN 9798892000406 (ebook)
Subjects: LCSH: Fighter planes—United States—Juvenile literature.
Classification: LCC UG1242.F5 J46718 2025 (print) | LCC UG1242.F5 (ebook) | DDC 623.74/6440973—dc23/eng/20231214

Créditos de las imágenes: Airforce 17; DVIDS/94th Airlift Wing 17, Chief Petty Officer Shannon Renfroe 12–13, 18–19, Cpl. Joseph Abrego 17, Kyra Helwick 14–15, Lance Cpl. Samantha Rodriguez 17, Staff Sgt. Alan Ricker 20–21, Master Sgt. John Nimmo, Sr. 9, Master Sgt. Nicholas Priest 4–5, 14–15, Ralph Branson 9, Senior Airman Andrew Sarver 11, Senior Airman Devante Williams 8, Senior Airman Duncan Bevan 7, 9, Staff Sgt. Codie Trimble 10, Staff Sgt. Justin Parsons 9, Staff Sgt. Michael Battles 6, Staff Sgt. Samantha Mathison 17, Tech. Sgt. Jason Robertson cover, 9; Noun Project/shashank singh 22–23 (icons)

Impreso en China

CAPÍTULO UNO 1

¿Qué es un avión de combate?

Un avión de combate F-35 vuela con un solo piloto.

Un avión poderoso. Los aviones de combate defienden nuestro país. Vuelan a velocidades **supersónicas** y hacen giros cerrados. Algunos tienen solo un piloto. Están cargados de armas. Dominan los cielos con velocidad y en forma **furtiva**. La tecnología los oculta de los enemigos.

¿SABÍAS?
El primer avión de combate estadounidense con motor a reacción fue el P-80 Shooting Star en 1945.

¿Qué armas tienen los aviones de combate?

¡Muchas! Los aviones de combate derriban aviones enemigos con misiles. Disparan al enemigo con cañones. También pueden lanzar bombas. Los aviones de combate tienen habilidades especiales para ver de noche. Además, pueden transportar **combustible** adicional en tanques.

PARTES DE UN AVIÓN DE COMBATE

Las armas se pueden ocultar en algunos aviones cuando no están en uso.

¿Qué fuerzas utilizan aviones de combate?

Los F-35 pueden hacer un despegue y aterrizaje vertical.

Tres de las fuerzas armadas de los EE. UU. los utilizan. La Fuerza Aérea opera la mayoría. ¡Tiene más de 1.300 aviones de combate! La Marina tiene aproximadamente 1.000 aviones de combate. Los Marines utilizan un tipo especial de F-35. Tanto la Marina como el Cuerpo de Marines aterrizan los aviones en enormes portaaviones.

F-15
EAGLE

F-16
FIGHTING
FALCON

F-18
HORNET

F-22
RAPTOR

F-35
LIGHTNING II

CAPÍTULO DOS

2

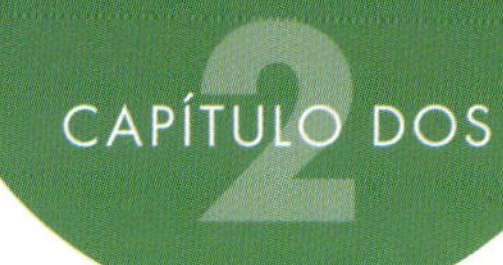

¿A qué velocidad va un avión de combate?

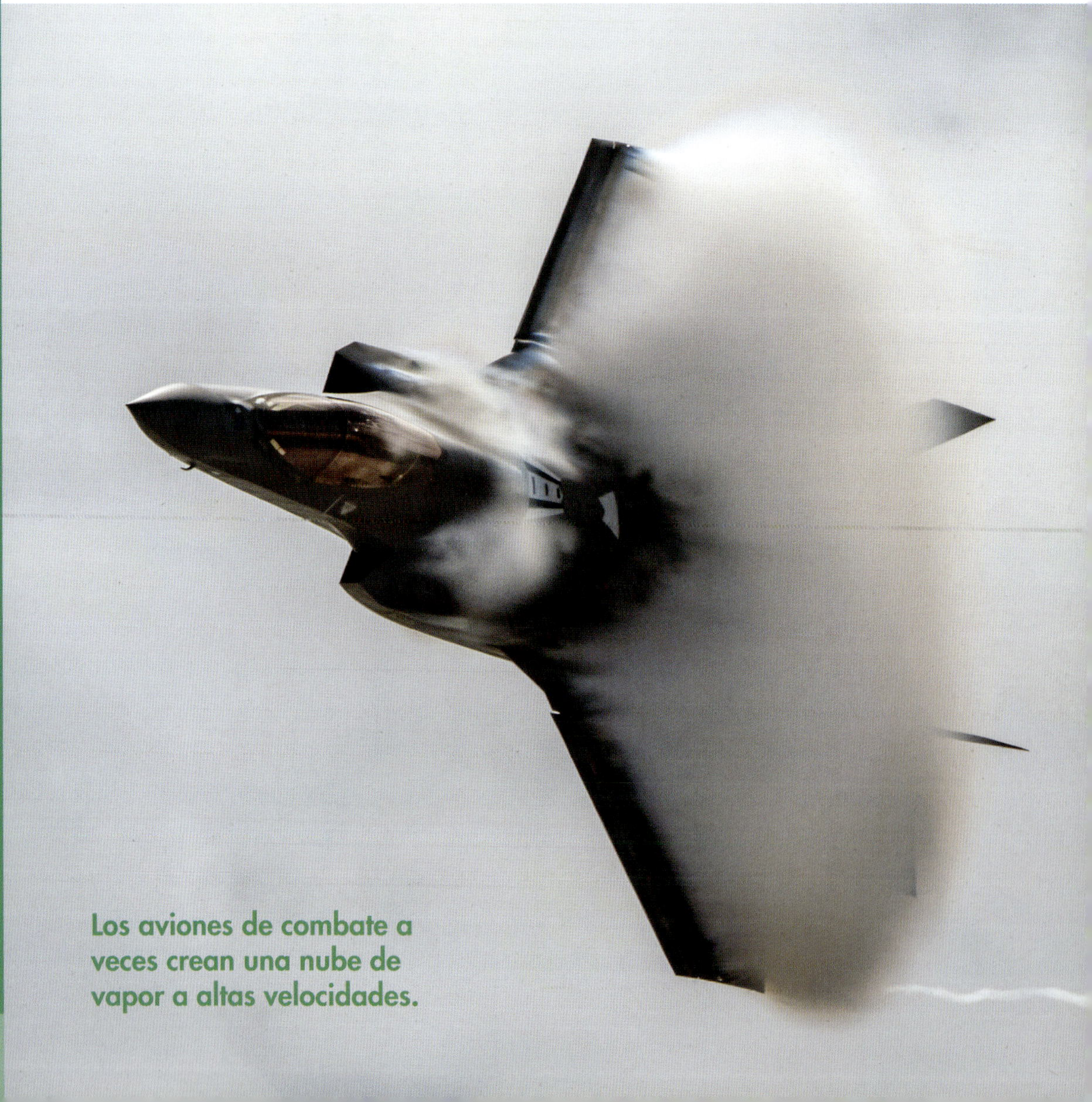

Los aviones de combate a veces crean una nube de vapor a altas velocidades.

¡Más rápido que el sonido! Los aviones de combate rompen la **barrera del sonido**. Ir más rápido que **Mach** 1 produce un fuerte estampido. Los aviones de combate utilizan Mach para medir su velocidad. La mayoría de los aviones de combate hoy en día pueden ir a Mach 2 o más. ¡Eso es el doble de la velocidad a la que el sonido viaja por el aire!

Un piloto de avión puede sentir nueve veces su peso en presión.

¿SABÍAS?

El avión más rápido fue el North American X-15 en 1967. ¡Alcanzaba Mach 6,7, es decir, ¡unas 75 millas (121 kilómetros) por *minuto*!

El postquemador hace que salgan llamas de la parte trasera de un avión de combate.

¿Por qué es tan rápido el avión de combate?

¿SABÍAS?

Los aviones de combate tienen un radar en la nariz del avión. Los radares guían los misiles hacia aviones enemigos.

Tiene un motor potente. Quema combustible para calentar y expandir el aire. El aire caliente se expulsa por la parte trasera para crear **empuje**. Los aviones también tienen un postquemador. Este dispositivo agrega combustible adicional al aire caliente para aumentar la velocidad. El avión asciende, desciende y realiza giros a altísima velocidad.

¿Cuánto tiempo puede permanecer en el aire un avión de combate?

Línea de combustible conectada al tanque de un avión de combate

Depende. El combustible se acaba rápido cuando vuelan bajo. Esos vuelos duran menos de una hora. Si un avión vuela más alto, puede mantener una velocidad más lenta. Entonces puede volar más de dos horas con un tanque lleno. Pero los aviones no necesitan aterrizar para reabastecerse. Pueden conectarse a un avión cisterna en el aire.

Algunos aviones cisternas pueden reabastecer dos aviones de combate a la vez.

CAPÍTULO TRES

¿Cómo es pilotear un avión de combate?

¡Ruidoso y caluroso! Los aviones son muy ruidosos y se sacuden mucho. Los pilotos de aviones de combate necesitan manos firmes y **resistencia** para los vuelos largos. Los pilotos llevan agua y bolsas de plástico especiales. Si tienen que hacer pis, lo hacen en una bolsa de plástico especial.

Los pilotos entrenan duro para afrontar los desafíos de pilotear un avión.

EQUIPO DE UN PILOTO DE AVIÓN DE COMBATE

Traje antigravedad y chaleco salvavidas

Arnés

Casco y mascarilla

¿Volar en un avión de combate se parece a las películas?

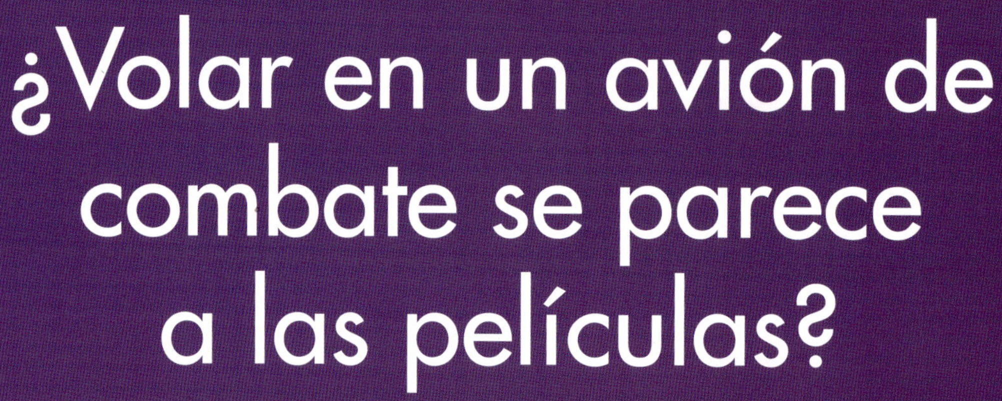

Un piloto de la Marina realiza ejercicios de práctica en un F-35 en California.

En realidad, no. En las películas, los aviones de combate vuelan muy cerca unos de otros. En la vida real, los pilotos detectan otros aviones desde lejos con Los ojos o el radar. Los aviones de combate vuelan en grupos llamados formaciones. Pero están dispersos para que a los enemigos les resulte más difícil verlos venir.

¿SABÍAS?

Un "As" es un piloto de avión de combate que derriba cinco o más aviones enemigos.

¿Cómo puedo ver aviones de combate de cerca?

Los Thunderbirds pilotean F-16 Fighting Falcons en las exhibiciones.

¡Asiste a una exhibición aérea! Puedes ver a los Thunderbirds de la Fuerza Aérea de los EE. UU. o a los Blue Angels de la Marina de los EE. UU. Ambos equipos viajan por Estados Unidos y otros países. Realizan **maniobras** sorprendentes. Muestran todas las formas extremas de pilotear un avión de combate.

HAZ MÁS PREGUNTAS

¿Cuánto cuesta un avión de combate?

¿Qué se necesita para convertirse en piloto de un avión de combate?

Prueba con una PREGUNTA GRANDE: ¿Cómo han cambiado los aviones de combate la guerra moderna?

BUSCA LAS RESPUESTAS

Busca en el catálogo de la biblioteca o en Internet.
Pueden ayudarte tus padres, un bibliotecario o un maestro.

Usar palabras clave
Busca la lupa.

Las palabras clave son las palabras más importantes de tu pregunta.

Si quieres saber sobre:

- el costo de un avión de combate, escribe: COSTO DE UN AVIÓN DE COMBATE
- cómo convertirse en piloto, escribe: FORMACIÓN PARA PILOTOS DE AVIONES DE COMBATE

GLOSARIO

barrera del sonido Gran aumento de la resistencia del aire que se produce cuando un avión se acerca a la velocidad del sonido.

combustible Un material, como el gas, que se quema para producir calor o energía.

empujar Impulsar hacia delante con fuerza.

furtivo Forma secreta y silenciosa de moverse o comportarse.

Mach Medida de alta velocidad comparada con la velocidad del sonido, que es Mach 1.

maniobra Acción o movimiento ingenioso o hábil.

radar Dispositivo que envía ondas de radio para encontrar la posición y velocidad de un objeto en movimiento.

resistencia La capacidad de hacer algo difícil durante un período largo.

supersónico Más rápido que la velocidad del sonido.

ÍNDICE

Acerca de la autora

Caroline "Blaze" Jensen vive en Wisconsin con su hijo, Finn, y su perro, Gunner. Voló 3.600 horas en la Fuerza Aérea como piloto de avión de combate, incluidas misiones de combate del F-16 y demostraciones de Thunderbirds. Le encanta compartir su pasión por los aviones con niños de todas las edades.